# 你在睡梦中会吞进蜘蛛！是真的吗？

动物背后的谜题与真相

动物


保罗·梅森 著
张幻芷 译



北京时代华文书局

图书在版编目（C I P）数据

动物背后的谜题与真相 / （英）保罗·梅森著；张幻芷译. -- 北京 : 北京时代华文书局, 2016.8

书名原文：Truth or Busted:The Fact or Fiction Behind-Animal

ISBN 978-7-5699-1098-8

Ⅰ. ①动… Ⅱ. ①保… ②张… Ⅲ. ①动物－普及读物 Ⅳ. ①Q95-49

中国版本图书馆 CIP 数据核字（2016）第 191955 号



北京市版权局著作权合同登记号 图字：01-2014-4913
本书简体字版授予北京时代华文书局有限公司在中华人民共和国出版发行。

动物背后的谜题与真相

著　　者　保　罗·梅　森
译　　者　张幻芷
出 版 人　王训海
选题策划　武　学　　张静慈
责任编辑　范　炜　　张静慈
装帧设计　孙丽莉　　集　优
责任印制　刘　银　　訾　敬

出版发行　时代出版传媒股份有限公司 http://www.press-mart.com
　　　　　北京时代华文书局 http://www.bjsdsj.com.cn
　　　　　北京市东城区安定门外大街 136 号皇城国际大厦 A 座 8 楼　邮编：100011
电　　话　010-64267955　64267677
印　　刷　河北鹏润印刷有限公司 0317-5196862
　　　　　（如发现印装质量问题，请与印刷厂联系调换）
开　　本　787mm×1092mm　1/32　印　张 3　字　数 81 千字
版　　次　2017 年 2 月第 1 版　印　次 2017 年 2 月第 1 次印刷
书　　号　ISBN 978-7-5699-1098-8
定　　价　18.00元

如何使用本书
保住性命

和其他
好东西……

往下看！

# 先读这里！

我们中的大多数都是动物迷，而且你遇到的人总是对动物好像有着数不清的知识。你也许听说过，或是在网上读到过这些不可思议的说法：

“尽量保持不动，你就能避免遭受鲨鱼袭击。”

“巨大的短吻鳄生活在下水道里。”

“蠼螋会偷偷地爬到你的耳朵里吃掉你的大脑！”

这些是真的吗？知道这些是千真万确还是一派胡言说不定哪一天会救你一命。市面上流传着许许多多教你怎样逃离熊的殴打的招数，还有比如说防止被大白鲨撕咬或者被大公牛攻击的秘籍。但读过了这本书，你就知道这些招数中哪些是千真万确的，而哪些又完全是一派胡言。

当然，这本书不只会讲述那些可能危及你生命的动物传说。当有人向你非常自信地兜售一些听起来很有道理的说法时，这本书还会阻止你表现得像个彻头彻尾的大傻瓜……或许不那么像。你确定虱子其实更喜欢寄居在干净的头发里吗？你肯定鸵鸟把头埋进沙子里是因为它们害怕吗？你真的认为狗其实都是狼吗？你相信雌螳螂会把她们男朋友的头咬下来吗？

还有很多涉及动物的俗语用来形容人的行为举止。人们会这么说：

**“你永远不能教会一条老狗新把戏！”**

**“哦，没错——猪可能会飞。”**

**“这简直就像一块红布对着一头公牛！”**

**“大象从来不忘事。”**

这些俗语已经流传了很多年，但是却从没有人真正确认过它们的真实性。但是不要恐惧，**《动物背后的谜题与真相》**会揭示出真正的答案：公牛真的会被红色激怒吗？猪真的飞过吗？大象真的有那么好的记忆力吗？还有很多、很多……

# 你也许听过类似这样的传说……

## 鳄鱼会一边吃你一边哭泣

你有没有听说过“鳄鱼的眼泪”这个说法?它指虚假的眼泪，是一个人在假装伤心难过时流下的泪水，就像你的小弟弟或者小妹妹在弄坏你的mp3后企图得到同情时那假惺惺的眼泪。

“鳄鱼的眼泪”这个说法来自于一个非常非常古老的传说。人们说当鳄鱼咬住它的猎物时，泪水就会夺眶而出，就像鳄鱼在为它需要另一个生命来填饱自己的肚子而哭泣一样。

## ★ 至于真相嘛……

鳄鱼不能真正地“咀嚼”，所以说它们需要把猎物撕咬成一块一块的（比如说一只胳膊或者一条腿儿），然后整个吞到肚子里。当一大块肉顺着鳄鱼的喉咙往下滑时，就会压迫到鳄鱼的泪腺，这就会使它的眼泪不停地涌出来。

**结论：** 千真万确

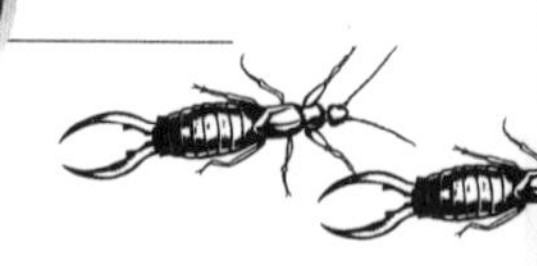

# 谜题 蠼螋会爬到人们的耳朵里

蠼螋这个名字是怎么来的呢？很多人说因为它们喜欢爬到人们的耳朵里：

> 蠼螋：一种广为人知的昆虫，它能爬进人们的耳朵中，让人产生剧痛，甚至像一些人声称的那样，能导致死亡。它的另一别名“耳夹子虫”由此而来。
>
> ——选自1803年维利希（Willich）和密斯（Mease）编纂的《国内百科全书》

这本两百多年前的书说得正确吗？

## ★ 至于真相嘛……

蠼螋确实喜欢藏在温暖潮湿的地方——但不是人的耳朵里。即使真有蠼螋爬进来了，耳朵里的骨头也能阻止它继续朝里爬。

蠼螋的翅膀充分展开后，形状看起来就像人的耳朵，蠼螋这一名字实际上是从这里来的。

结论：

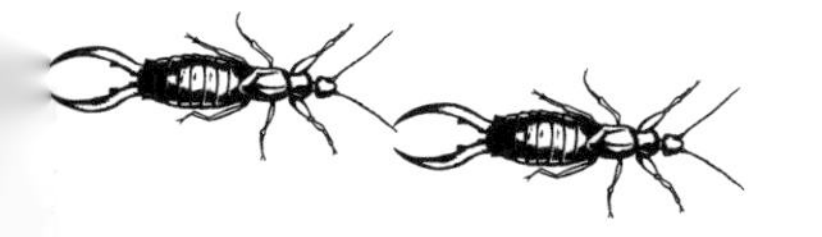

# 你教会不了一只老狗新把戏

这是一个你在任何情况下都可能听到的短语，比如说：

★ 你的老爸突然决定玩滑板，结果摔倒扭坏了他的老腰。

★ 你的奶奶去上肚皮舞课，但她灯笼裤的松紧带断掉了使她看起来像个傻瓜。

★ 你的地理老师决定在午餐时间成立一个嘻哈俱乐部，结果得到了可怕又尴尬的结果。

“好吧，”人们会说，“你教不会一只老狗新把戏。”但是，他们说得对吗？

## ★ 至于真相嘛……

只要主人能多付出一些时间，任何年龄的狗狗都能学会新把戏。每天 15 分钟的训练足够让那些哪怕是年龄最大的狗狗学会坐、停、卧等等。

结论：只要有足够的时间和狗狗零食……

# ☆ 5件你（可能）不知道的关于猫咪的事情

**1** 猫能钻进任何地方，只要它的胡须能进去。

**2** 只有猫、长颈鹿和骆驼同时先迈两条左腿，然后再迈两条右腿。

**3** 猫发出的声音所表达的含意比狗多10倍。

**4** 奇怪的是，猫尝不出来甜味。

**5** 如果你让一只猫只吃素食，它会死掉的。

## 谜题 巨型短吻鳄藏在纽约下水道里

每隔一段时间，就会有“真的”短吻鳄出现在美国纽约市的大街上，就像是在过去的几年里发生的：

一条小凯门鳄*在中央公园被发现。当时有很多家庭在那里烧烤野炊，这条小凯门鳄就穿梭在其中。在这之前它一直居住在公园的一个湖中。

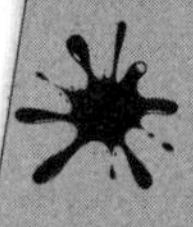

布鲁克林的警察在一幢公寓楼外面抓到了另一条凯门鳄。它吐着舌头，发出“嘶嘶”的声响，试图抵抗警察抓捕。

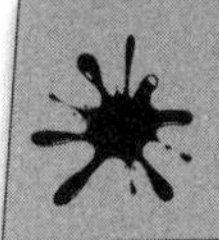

有人在皇后区发现一只短吻鳄潜伏在一辆车的底盘下，不过这并没有帮助它躲过法律的制裁。

所有的这些爬行动物们其实都很小，都不超过 1 米长。但是这些故事却暗示着——在下水道里，潜伏着更大、更恐怖的怪物们。

其实纽约下水道里居住着短吻鳄的故事已经流传将近一百年了。在 1930 年代，前市议员泰迪 · 梅（Teddy May）声称他看到了成群的短吻鳄，有的体型巨大，就生活在下水道里。

*一种与短吻鳄相比更瘦、更小的鳄鱼，起源于美洲的中部或南部。

那么这些短吻鳄来自哪里呢？故事中的答案是，有些从佛罗里达度假回来的人把它们带回来当作宠物饲养，但是随着这些小短吻鳄们长大，主人们就会趁着夜色将它们抛弃。如果是体型稍小一些的，就顺着马桶把它们冲走。

一旦被冲到下水道里，这些短吻鳄就会长得更快。它们越来越大，遇到其他短吻鳄后，它们生下小短吻鳄。就这样，慢慢地，它们占领了下水道，直到一位勇敢的工人走到了下水道最黑、最深的地方……

## ★至于真相嘛……

奇怪的是，1935年，一条2.5米长的短吻鳄在下水道中被捕获。但是它不能在那里存活太久——因为短吻鳄是冷血动物，而冷血动物需要在温暖的环境中才能生存，但是纽约的下水道在冬天温度很低。同样，在这样一个被污染的、肮脏的下水系统里，短吻鳄会发现活着是一件很难的事情。

结论：

# 动物来袭！

## 逃离熊爪

想一想，熊会面临怎样的情形。每年，吵吵闹闹的登山者们都会来到它们居住的丛林间，扰乱这里平静的氛围。更让它们难以忍受的是，登山者们走后还留下了食物的香味。熊有时会忘记它们的风度，袭击人类，这也就不足为奇了。

如何才能逃离熊爪呢？

- 如果熊在 100 米开外或更远的地方，但它已经发现了你，这时你应当扯开嗓门说话，但要保持镇静。它一旦意识到你是人类后，就有可能走开了。
- 如果它变得具有攻击性，千万别跑——你逃不掉的。相反，你应该面向它慢慢后退，但不要看它的眼睛。
- 你可以爬上树，向它证明你并没有伤害它的意图。但是熊也能爬树，所以爬树不是逃生的好方法。

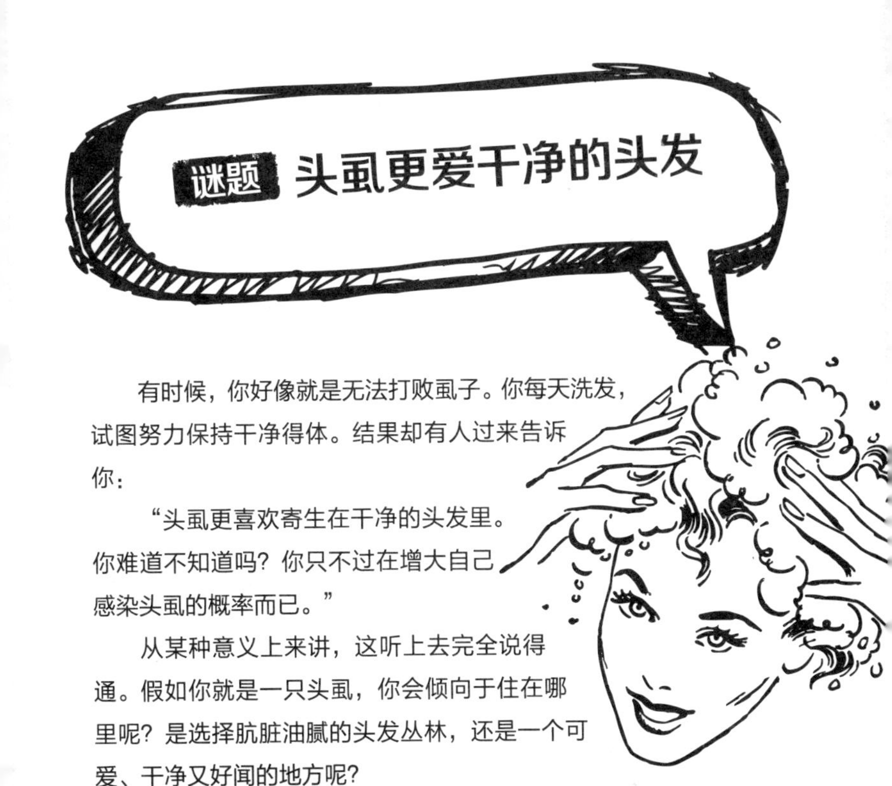

## 谜题 头虱更爱干净的头发

有时候，你好像就是无法打败虱子。你每天洗发，试图努力保持干净得体。结果却有人过来告诉你：

“头虱更喜欢寄生在干净的头发里。你难道不知道吗？你只不过在增大自己感染头虱的概率而已。”

从某种意义上来讲，这听上去完全说得通。假如你就是一只头虱，你会倾向于住在哪里呢？是选择肮脏油腻的头发丛林，还是一个可爱、干净又好闻的地方呢？

## ★ 至于真相嘛……

头虱在你的头上筑起家园是为了吸血。它们长着一张小小的、像尖头吸管一样的嘴巴——这构造使得它们能够钻进你的头骨中往外吸血。头虱能紧紧抓在靠近头皮的发根处，但是对它们来讲，抓附干净的头发或是肮脏的头发是同样轻而易举的——没有任何区别！

结论：**一派胡言**

# 谜题 大象从不忘事

实际上，这句谚语有一个更古老的版本，来自于古希腊：“骆驼从不会忘记伤痛。”今天，人们常说大象从不会忘事，或者用“像大象一样的记忆力”来形容记性好的人。

大象的脑袋是陆上动物中最大的，上面的说法可能正是基于这一事实。有这么大的脑袋，它们肯定用它来做些事情，对吧？它们是不是就不会忘掉一些小事，比方说手机号或是妈妈的生日？

## 至于真相嘛……

大象能记住关于家园的所有细节，尤其是可以找到水和食物的地方，或是可以痛快洗澡的地方。它们也会记住其他大象的长相。多年不见后，如果遇到了老朋友，它们依旧能够马上认出来。

结论：

成年人非常喜欢这个事实，并且把它一遍又一遍地搬出来说事。猎豹的速度能达到每小时 110 千米，确实非常快。它的速度可以赶上快车道上的汽车（尽管不至于快到被贴超速罚单）。不过，猎豹只能以最快的速度跑 30 秒——在此之后，猎豹的体温就会升高，它必须降低速度来降温。

## ★ 至于真相嘛……

猎豹们确实够快，但并不是最快的。游隼在俯冲捕捉猎物时能达到每小时 320 千米的速度。当然啦，你可以说这是作弊，（**哈哈！**）因为这速度中包含重力的因素。但是另外一种叫作尖尾雨燕的鸟，在不含重力因素的状态下能达到每小时 175 千米的飞翔速度。这可足够吃一张超速罚单的了！

不过，猎豹确实是速度最快的陆地动物。

结论：有一点点确切，但大部分是

# 谜题 在水母蜇过的地方撒尿可以减轻疼痛

没有几件事情比在炎热的夏天里去海边游泳结果被水母蜇到更糟糕的了。**（当有一只鲨鱼鳍出现在你身边时就是更糟糕的事之一——见本书第 32—33 页——看看这种情况下你应该怎么办。）**

如果接触到水母的触角，你就会被它用蜇针全副武装的触角蜇伤——这些蜇针可以刺穿你的皮肤并且往你的体内注射毒液。你立刻就会感到疼痛，有时情况很糟糕。

有些人肯定会来告诉你，治疗疼痛的方法就是让人在你的伤口上面撒尿。你因为疼得太厉害而忍不住要试试这个方法，可是，这真的管用吗？

## ★ 至于真相嘛……

尿液并不会缓解疼痛，反而还会让伤口变得更糟。尿液中的化学物质有可能会导致你皮肤表面上已有的蜇伤释放出更多的毒液。对于大多数的水母蜇伤来讲，最好的办法就是用海水冲洗。

结论：

# ☆5件你（可能）不知道的关于骆驼的事情

**1** 骆驼没有水，活不过长颈鹿……

**2** ……还有大老鼠。

**3** 骆驼喜欢有同伴，这就是为什么它们成群游玩。

**4** 骆驼在生气、害怕、沮丧时，会吐口水。它们朝你吐的液体来自于它们的胃。

**5** 骆驼的嘴巴是反刍动物*中最大的，所以它们可以狠狠地咬上一大口。

*反刍动物是指有蹄子的哺乳动物，它们主要咀嚼青草，它们的胃有几个胃室。

但凡做过些园艺的人，都会有几次不小心把蚯蚓切成两截的经历。这种情况下，他们一定会安慰自己说——没关系，现在只是变成两条蚯蚓罢了。

蚯蚓们的确会在被截成两段后保持蠕动，这大概就是这种说法的根据。实际上，没人能够分得清一只蚯蚓的头和尾。蚯蚓看起来从头到脚都是一个样子，所以截断之后的两部分都可以接着过它小虫子的生活。难道不是这样的吗?

为什么蚯蚓在被切成两段后还能保持蠕动呢？因为它们在忙着与死神做斗争，蠕动只不过是对抗死亡最后的挣扎。

如果只切下蚯蚓的一点点尾巴，头部一端倒还有可能勉强生存下来……但是尾端一定是活不下去的。

结论：有一点点正确 但大部分是

“哦，没错——猪也可能会飞。”当我们要表达某事永远不会发生时，通常会这么说。猪能离开地面飞到空中的想法非常奇怪。因为它们缺少飞行通常需要的诸多条件，比如说翅膀、喷气发动机、飞机票等等。

## ★至于真相嘛……

1703 年，英格兰遭遇了历史上最严重的一场暴风，大约有 1.5 万人丧生。大多数人是被飞行的物体击中而死的，在这些飞行的物体中有鸡、羊，还有——你猜对了——还有猪，它们被风从地面带起卷入空中。

猪是很聪明的动物，在被狠狠地摔到地面之前，它们一定在想，古话说猪不能飞是不是弄错了呢?

结论：千真万确

# 我从没听说过……

## 龙虾可以和人活得一样长

龙虾的生长周期很缓慢，可以活得很久很久。大多数我们食用的龙虾都是 20 岁左右。不过在海床上，还有岁数很大的龙虾在精神抖擞地爬来爬去。

最年长的龙虾大概超过 100 岁，有着和中型犬类差不多的重量。

法国诗人钱拉 · 德 · 奈瓦尔（Gérard de Nerval）饲养了一只叫作蒂伯尔（Thibault）的龙虾作为宠物，嗯，他们还曾经一起漫步巴黎呢！

人们经常告诉你，要算出狗狗在人类世界里有多大年龄，只需要把它的年龄乘以 7。以此类推，一只 3 岁的小狗可能是人类年龄的 21 岁。一只 9 岁的拉布拉多可能相当于人类 63 岁了，正在考虑退休呢。

## ★ 至于真相嘛……

狗狗寿命只有人类七分之一——只有 11 岁，因而产生了这种传言。体积大一点的血统狗，如拉布拉多犬和阿尔萨斯狼狗，确实能活到 11 岁大。体积较小的狗狗以及非血统狗通常活得更长，能活到 15 岁或者更久。根据 7 岁原则，一只 15 岁大的狗狗可能相当于人类世界中 105 岁的老人了。

结论：大部分是

谜题

# 无头鸡依旧

毫无疑问，它们跑不快。“像无头鸡一样到处乱跑”这个短语通常用来形容一个人没有目标地晃来晃去，一事无成。不过没有了头的鸡，真的还能绕着后院乱跑吗？

## ★至于真相嘛……

在被砍头的前一刻，鸡能意识到自己马上要经历一生中最可怕、最惊悚的事。就算起初这只鸡被追得满院子惊慌失措地跑，也无法逃脱被人抓住的命运。接着，映入它眼帘的就是一块砧板和一把巨大的斧头……

这些刺激活动会释放一种叫肾上腺素的物质进入鸡的体内。肾上腺素能刺激肌肉活动，因而即使被砍掉头之后，鸡的肌肉还是会继续抽搐。有时候，鸡的翅膀还在很快地扇动，带动鸡的身体不停地移动，看起来就像被砍掉头的鸡还在跑步。

结论：

# 可以到处跑

## 关于麦克的奇怪故事

鸡被砍头后可能再扑棱上几秒钟，但这通常不会超过 30 秒。那有关无头鸡仍存活一年半的新闻报道又是怎么一回事呢?

报道中的主人公是一只叫作麦克的公鸡。在 1945 年的一个清晨，它的主人砍下了它的脑袋。到当天下午的时候，麦克依旧在庭院里昂首阔步地走来走去（因为没有头，想必它为了走路不撞上东西吃了好大的苦头）。

麦克的主人顺着它的脖子把食物灌下去，**（简直了！）**还带着它去四处旅游。这只无头鸡后来又活了 18 个月，这期间麦克的主人可赚了不少钱。不过这只持续到一个主人忘记给它清理气管的夜晚，可怜的老麦克被活活呛死了。

## ★ 至于真相嘛……

真的。它的头被砍掉之后，剩下的脑干足够让它继续活下去。也许它根本没注意到它的头竟然没有了。

- **结论：**

# 我从没听说过……

## 狐狸比猫更擅长抓老鼠

像老鼠这样的啮齿类动物对饥肠辘辘的狐狸来说就是一道不可错过的美味点心——狐狸可是抓老鼠的好手。

狐狸一跃而起（大概 1 米高），然后冲着老鼠直扑而下，接着：

a 老鼠跳起来，直接跳进了狐狸的嘴巴里。或者：

b 狐狸的爪子直接钉住老鼠，趁老鼠被吓懵的瞬间一口咬住它！

盒水母体积不大，肉眼几乎看不到，但它们会拖着身后致命的触角漂到岸边。每一年这可怕的触角都会蜇到一些游泳者的身上，向他们注射剧毒的毒液。

被盒水母严重蜇伤的人会痛苦地死去。盒水母的毒液能够攻击人们的皮肤、心脏和神经系统。游泳者有可能在来不及上岸之前就死于休克、心脏病发作或者溺水。怪不得人们有时把盒水母称作世界上最致命的杀手。

## ★至于真相嘛……

盒水母每年都会致死几人。但是许多动物也和盒水母一样对人类而言是致命的，比如说湾鳄、印度眼镜蛇、河马、大白鲨、巴西游走蛛和非洲水牛，它们每年都会导致上千人丧命。

最致命的动物当属蚊子——准确地说，是雌性冈比亚疟蚊。在这些小动物咬人的同时，它们还传播疟疾和其他每年致死百万人的可怕疾病。

结论：

# 谜题 你应该把毒蛇咬伤之处的毒液吸出来

曾经，几乎所有冒险、西部、战争电影都要出现基于上述说法的桥段。有某一时刻，人可能被蛇咬到。通常是响尾蛇，有时是黑曼巴蛇。（**黑曼巴蛇是世界上最致命的蛇类中的一种，其毒液能够杀死一只成年的大象——或者几个人。**）

在电影里，当人被蛇咬后，一般会出现以下几个步骤：

1. 在被咬伤口周围绑上止血带。
2. 用刀把伤口划开。
3. 把毒液吸到口中。
4. 吐出毒液。
5. 用水漱口；把水吐出；受伤者长舒一口气，向后倒下去；“他会没事的”。

那么，如果你不小心被毒蛇 * 咬了，这么做真能有效吗？

* 毒液进入你的身体后，会产生伤害；如果毒药被吞入或吸入，也会产生危害。这就是为何咬人的蛇被称作“毒蛇”，以及从理论上讲，把伤口里的毒液吸出来能让伤者远离危险的原因。

## 至于真相嘛……

你基本不可能从伤口中吸出任何毒液来。试着吸毒液不会对你造成任何伤害——但是如果你的口腔里有伤口，毒液可能通过伤口进入你的身体。

应对这种情况最好的方法就是让受伤者保持冷静，这样可以防止他们的心脏跳得过快，从而加速毒液传播到整个身体。尽快呼叫救护车。

结论：

## 谜题 火鸡非常笨，它们会一直盯着从天而降的雨水，直到把自己淹死

完整的说法是家养火鸡的智力在出生之后就不会再发展了。事实上，它们真的非常蠢。当感觉到有一两滴雨降落时，它们就会抬起头来，张着嘴巴出神地看向天空……直到嘴巴里被灌满雨水而淹死。

## ★至于真相嘛……

人们通常认为家养的火鸡不聪明，但是它们会盯着雨水出神的说法是错误的。它们要么在找避雨的地方，要么在继续做手头的事情。

除此之外，火鸡的眼睛长在头的两侧，而不是头的前面。因而它们不会抬头看下雨，而是把头偏向一边看。

结论：

# ☆5件你（可能）不知道的关于鳄鱼的事情

**1** 鳄鱼奔跑的速度可达每小时17千米，可惜跑不了多远。但是……

**2** ……它们在水中行进的速度高达每小时40千米。

**3** 鳄鱼咬东西的力度是大白鲨的12倍。

**4** 鳄鱼的开颌肌肉不发达，用胶带你就可能把鳄鱼的嘴巴封上。

**5** 多大的池子就能养下多大的鳄鱼。无论鳄鱼怎样长，它的体型也不会超过养它的池子。

谜题

# 老虎有条纹

这个说法听起来不太可能，是不？所有人都知道老虎有条纹状的皮毛，而不是条纹状的皮肤。条纹状的皮毛毕竟是老虎的特征。无论是西伯利亚虎、孟加拉虎、苏门答腊虎还是其他的品种，它们都有条纹状的皮毛。

# 状的皮肤

## ★至于真相嘛……

可能曾经有个勇敢的人，有史以来第一次剃光了一只活老虎的毛发，发现了这个秘密。他发现老虎的黑色条纹实际长在皮肤上，然后顺带着长到了毛发上。

**结论：** 千真万确

# 动物来袭！

当你外出游泳，你看到了所有人都害怕看到的事情——一个鱼鳍慢慢上升，开始在你身边打转。电影《大白鲨》中的音乐开始在你的脑海中回响，当当……当当……当当，当当，当当，当当，当当当当当当当当。

★ 让鲨鱼保持在你的视野中。如果鲨鱼靠近你，你最大的存活机会就是击退它的进攻。

★ 大叫或在头顶挥舞双臂，吸引附近船只或岸边游客的注意，得到帮助。

# 摆脱大白鲨

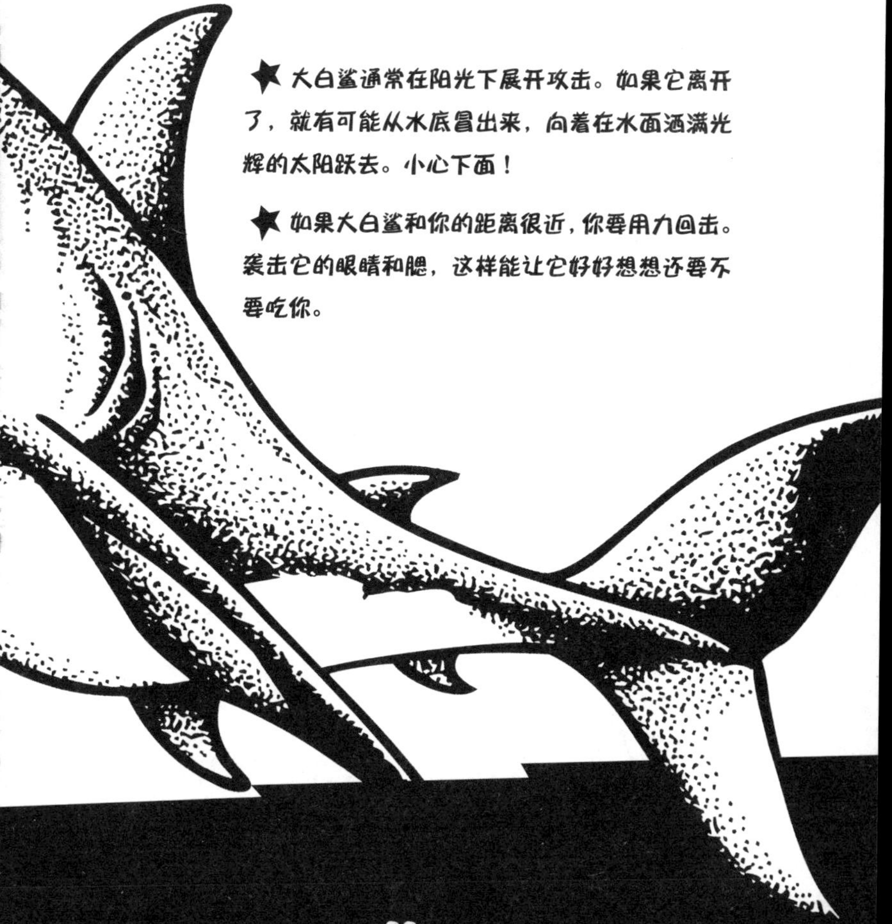

★ 大白鲨通常在阳光下展开攻击。如果它离开了，就有可能从水底冒出来，向着在水面洒满光辉的太阳跃去。小心下面！

★ 如果大白鲨和你的距离很近，你要用力回击。袭击它的眼睛和腮，这样能让它好好想想还要不要吃你。

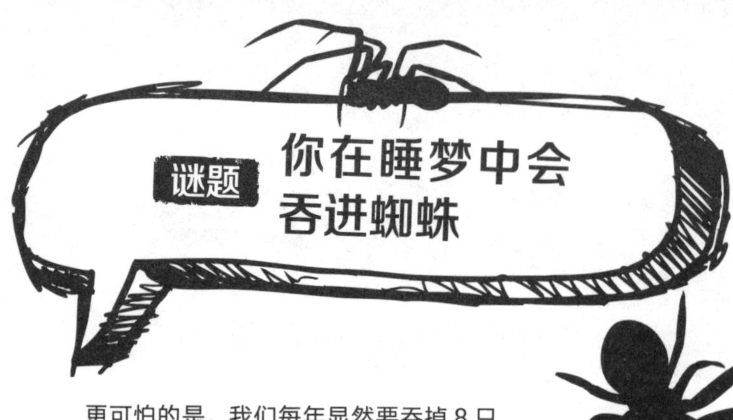


更可怕的是，我们每年显然要吞掉 8 只蜘蛛。

没有什么人会在清醒的时候活吞蜘蛛。这种说法是指当你躺在床上枕着枕头说梦话的时候，蜘蛛会爬到你的嘴里。

人们提出了 3 个主要原因，解释为什么在睡梦中人的嘴巴这么吸引蜘蛛：

**1** 一篇报道指出，你牙齿间残留的食物散发出的味道吸引着蜘蛛。（如果这个说法正确，经常用牙线洁牙非常重要！）

**2** 其他人则指出震动的呼噜声对蜘蛛有致命的吸引力。

**3** 一些人认为蜘蛛只是想找一个安静的地方休息。这和呼噜声理论不一致，但是没关系啦……zzzzz

## ★至于真相嘛……

只要想几秒钟，你就会知道这根本不可能发生。为什么蜘蛛非要爬进人的嘴巴里呢？蜘蛛又不在人的嘴巴里生活。即使脑袋不大，它们也可能告诉你嘴巴不是休息的好去处。

这个故事就是编出来的谎话。1993 年，这个故事（和其他让人难以相信的故事）被捏造并传播开来。几个月的时间里，谣言通过电子邮件传遍整个世界，最后被当作事实刊登在报纸上。

结论：**一派胡言**

## ☆5件你（可能）不知道的关于狗狗的事情

1. 最高的狗狗是一只大丹犬，肩高104厘米。

2. 有记载的最小的狗狗是一只约克夏梗犬，长6.35厘米。

3. 德国收税人路易斯·多伯曼饲养了多伯曼犬。他想在向人们收税时，能有凶狠强壮的狗狗保护他。

4. 当狗狗死掉时，悲痛欲绝的埃及人据说会刮掉自己的眉毛，并且在头发上涂满泥巴。

5. 狗狗鼻子上的纹路和人类指纹一样独一无二。

# 动物报时

许多养狗的人说他们的宠物能知道吃饭的时间。它们坐在碗旁边等着或盯着它们的主人。

狗狗们并不会盯着手表看看吃饭的时间到了没有，但是它们确实知道饿的时候就能有饭吃。所以，它们坐在碗旁，等着主人喂食。

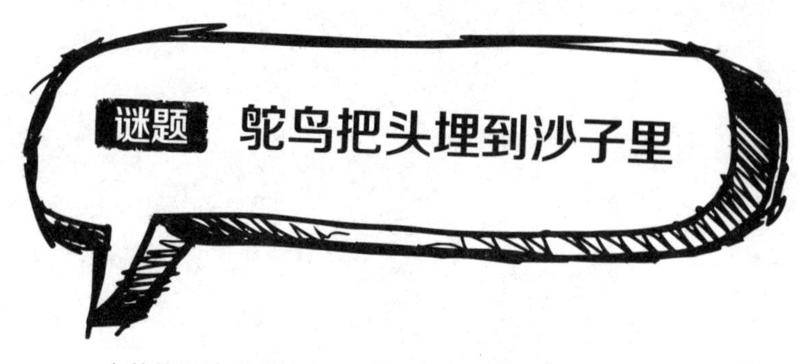


完整的说法是当鸵鸟受到惊吓或者感到威胁的时候，它们会迅速把头埋进沙子里。就像是小孩子们玩的把戏一样：把眼睛蒙住然后大喊：

“你看不到我！”

如果这个说法正确，就证明了鸵鸟真是太笨了。你会产生疑问，它们怎么能在世上活了这么久！

## ★至于真相嘛……

鸵鸟确实会把头埋进沙子里，但这并非是因为害怕。它们会在沙土里挖洞，把产的蛋放进去，它们时不时地把头伸进洞里，用嘴巴翻动。从远处看，它们就像是把头埋进了沙子里。

结论：**一派胡言**

# 谜题 摸摸蟾蜍，就会长疙瘩

说到巫师你会想起什么？咕嘟咕嘟冒泡的大锅？黑猫和扫帚？蹦来蹦去无处不在的蟾蜍？巫师那疙疙瘩瘩的鼻子？

也许是巫师疙疙瘩瘩的鼻子让我们想到，摸一摸蟾蜍就会长疙瘩，也可能是蟾蜍的模样让我们有这种想法。它们的皮肤通常布满了凹凸不平的包块，看起来像长了疙瘩。由于蟾蜍表面是疙疙瘩瘩的生长物，这些疙瘩又有传染性，毫无疑问，你要是摸一下蟾蜍，你就会长疙瘩。是这样吗？

## ★至于真相嘛……

蟾蜍表面的生长物并不是疙瘩。那些凹凸不平的包块是腺体，在遇到危险或受到威胁时，这些腺体能释放黏液或毒液。

我们感染了病毒，才会长疙瘩，这种病毒叫人乳头状瘤病毒（HPV）。“H”代表“人类（human）”——说明这种病毒人类才有，而不是蟾蜍身上的。

结论：

这个夜晚美丽温暖，你正在度假——为什么不沿着位于热带地区的河流走一走？**因为这儿到处都是鳄鱼！**

如何避免成为鳄鱼的食物？看这里：

- **不要在鳄鱼出没的地方游泳或散步。这听起来理所当然，但每年都有人不听话而被鳄鱼吃掉。**
- **鳄鱼曲线行动非常迟缓，如果一只鳄鱼追住你不放，不如你延着Z字形逃跑。**
- **远离水边，但脸要朝向水面——它们一直在等你转身，然后就袭击你。**
- **不要每天都去同一个地方玩——总有一天，一只鳄鱼会在那里等着你。**

这一说法是指如果你操作正确，你就能让短吻鳄发懵且动弹不得，进入催眠状态。

据说是来自美国佛罗里达州塞米诺尔的印第安人发明了这个把戏。首先，他们会把短吻鳄的嘴巴掰开——这步很简单，因为它们的开颌肌肉软弱无力。接着印第安人会抓住它的尾巴，使它背部着地并同时抚摸它的肚子。通过如上步骤，短吻鳄就会进入催眠状态，直到被人摸一下才会清醒过来。

## ★ 至于真相嘛……

给短吻鳄催眠并非异想天开，其他动物也可以被催眠。比如，一些鲨鱼也会被置于相似的催眠状态。**（但你可不要试图通过给鲨鱼肚子挠痒来击退它的攻击哦。）**

**结论：**

# 我从没听说过……

## 驴子并不怕狮子

这说法也许有些夸张，但在同体积的动物中，驴子是唯一能够勇敢面对狮子而不是溜之大吉的动物。

这就是为什么在非洲，人们用勇敢的（还有点傻乎乎的）驴子保护牛群，抵抗狮子的袭击。

完整的故事是说成群的旅鼠们会有组织且经常性地大规模跳崖或者投河自杀。**（如果你从来没有见过旅鼠，告诉你，它们是一种小小的毛茸茸的啮齿动物。）**

这说明了：

***a）旅鼠真的很笨，且……***

***b）前面的旅鼠走到哪儿，后面的旅鼠就会跟到哪儿。***

“你就像一只旅鼠”是一句告诉他人你认为他在盲目地随大流，离灾难越来越近的表达方式。

## ★至于真相嘛……

食物充足时，旅鼠数量大幅增加。**（1 只母旅鼠 1 年就能生出 80 只小旅鼠。）**不久，旅鼠会吃尽附近的食物，因而不得不搬家。它们通常会找到一个新地方，又开始吃东西——但不久，计划出错了。旅鼠遇到了一座悬崖或一条河流，因为不是很聪明，它们就扑通扑通地跳下去了。它们并不是自杀，只是犯错误罢了。

**结论：** 有点真实成分，大部分还是

人们容易相信阿拉斯加犬或哈士奇是狼族的后代，但是约克郡犬和吉娃娃也是吗？不可能……真的不可能吗？

## ★至于真相嘛……

难以让人相信的是，所有的狗狗都是从狼进化而来的——哪怕是帕丽斯·希尔顿的小叮当（Tinkerbell）。没有人知道人类和狼一开始是如何相处的。也许狼起初在人类身边嗅来嗅去，慢慢地就不那么怕人类。或许人类发现一些幼狼，并决定收养它们。

那为什么不是所有的狗长得都像狼一样？因为数千年来（狗和人类相处了有 13,000 年），人类根据特殊的需要培养出不同的品种。比如说，你不会让一只灵缇去捉老鼠，也不会让杰克罗素梗追踪气味。

结论：千真万确

许多人一看到鬣狗就会本能地感到害怕。它们看起来就像是弗兰肯斯坦（玛丽·雪莱在 1818 年创作的同名小说中的主人公，是一个科学怪人。——译者注）养的狗。扭曲的脸、倾斜的背部、强壮的肩胛使它们像是介于猫和狼之间的动物，你感到害怕也不足为怪。在非洲，四分之一被追捕的猎物都死于鬣狗之口。

鬣狗进攻性很强。它们一般成对出生，但其中一只通常会吃掉另一只，以此证明谁才是老大（这样做当然有用）。成年鬣狗在半小时内能吃掉三分之一体重的食物。

最可怕的是，据说鬣狗在吃掉猎物时还会发出笑声（而且经常是在猎物还没有彻底死亡之前）。

## ★至于真相嘛……

鬣狗在它们捕杀猎物时确实会发出笑声——但不是表示开心。鬣狗群中较弱的成员在向较强的成员表示服从时，通常会发出听起来像笑声的声音。他或她在说：“不要咬我——您先享用。等您享用完我再吃。”

结论：

# 谜题 奶牛放的屁正在毁灭地球

这一传言和气候变暖有关。由于大气中温室气体数量增加，导致全球变暖。这些气体会储存热量，慢慢地提高全球温度。这会导致各种各样的问题：气候变化、海平面上升及自然灾害频发，如飓风。

但这是奶牛引起的吗?

这世界上生存着数百万只奶牛：它们每天吃个不停，因而会持续不断地排放废弃物——撒尿、拉屎和放屁。不幸的是，奶牛放的屁里含有一种叫作甲烷的温室气体——它对环境的危害比二氧化碳还要严重。

## ★至于真相嘛……

奶牛放的屁并不会毁灭世界，能毁灭世界的是它们打的嗝。它们每天打嗝呼出大量的甲烷——一些研究表明奶牛的嗝占了全世界温室气体总排量的百分之四！鉴于甲烷的危害比二氧化碳更大，所以奶牛打的嗝看来确实对我们的环境有很大影响。

结论：想法正确，但事实上是

# ☆5件你（可能）不知道的关于大象的事情

**1** 大象是唯一不能跳的哺乳动物，但……

**2** 它们能用头倒立——只有人类和大象才能做到这一点。

**3** 大象每天只睡2小时。

**4** 大象不能跑，因为跑步会伤害它们的骨头。别忘了，它们快走的速度可达每小时25千米。

**5** 象鼻里可以贮存多达9公升的水。

# 我从没听说过……

## 狗狗难过或开心时都会摇尾巴

狗狗常把尾巴摇向右边（狗狗的右边，不是你的右边），它在表达开心或兴奋之情。

狗狗把尾巴摇向左边在表达紧张或恐惧。

非洲充满了危险的动物：致命的黑曼巴蛇*、尼罗鳄、狮子、美洲豹等等。但是这其中最危险的动物大概是你想不到的，就是那发出咕咕哝哝声音的老河马。

河马一打眼看起来就不是那么无害。首先，它们的嘴巴里有巨大的牙齿，足有半米长。当人们畏畏缩缩地藏在洞里企图躲避攻击时，河马能够轻松咬掉人们露在外面的头。这对它们而言，就是小菜一碟。

如果你妨碍了河马游泳——尤其是一只母河马和它年幼的孩子一同游泳时——成年河马的攻击性会变得非常强。如果你踏入它们的领地，公河马也会具有很强的攻击性。

* 见第 26 页更多相关信息。

## ★ 至于真相嘛……

都是正确的。如果你惹怒了河马，你会看出来的，因为它们身上会分泌出红红的黏稠性液体。知道它生气也许不会给你带来多少好处，因为尽管看起来庞大笨拙，它们跑起来的速度能超过每小时 30 千米。

**结论：**

谜题

北极熊的身体简直就是为了在北极冰面上捕食海豹而设计出来的完美身体。它们是陆地上最大的食肉动物，由以下这些可怕的武器装备着：

- 长达30厘米的大脚掌，在北极熊横穿冰山雪地跟踪、追捕猎物时能够支撑它们的体重。锋利的爪尖能轻而易举地撕开海豹的肚子。
- 灵敏的嗅觉，能使北极熊闻到1.5千米之外和1米厚雪之下的海豹的味道。
- 高达每小时40千米的行动速度。
- 能够一口咬碎海豹头骨的强壮下巴。

北极熊只有一个不便之处。它的白色皮毛是很好的伪装，有助于它袭击海豹——但是黑色的鼻子却会让它露馅。它的鼻子就像白色糖衣蛋糕中的樱桃，所以当北极熊想要袭击猎物时，它们会用爪子捂住鼻子。

# 北极熊在捕猎时会捂住鼻子

为了更好地伪装，北极熊会捂上它们黑色的鼻子，这个说法经常被人们提及。一些北极原住民的神话故事中出现过这种说法，以此来说明北极熊是小心谨慎又危险的狩猎者。但是，尽管每一只北极熊都有自己的摄影组随行人员做生活记录，也从来没有人真正录下过北极熊的这种行为。

结论：

更多的（一派胡言）关于北极熊的说法：

1. 北极熊都是左撇子。

2. 北极熊用工具杀死猎物（比如向猎物扔冰块）。

3. 唯一能捕杀北极熊的动物是虎鲸（事实上，北极熊是顶级捕食者，只有人类才有能力捕杀它们）。

# 动物来袭！

## 逃离大猩猩

有一天，你正漫步穿过非洲高地。突然，你迎面碰上一只巨大的雄性银背大猩猩。它从最爱的午间小憩中惊醒，感到很不开心。

如果它开始不满地叫喊，然后朝你扔植物（也可能包含它自己的一些粪便），它就要进入袭击模式了。

**怎样才能避免被它大卸八块呢？**

- **不要直视它的眼睛——相反，你要看着地面，然后再看向一边。**
- **慢慢向后退，当这个脾气暴躁的大家伙消失在你视野中后，再掉头离开。**
- **如果它袭击你，你最好的办法——实话实说，这也不是什么好办法——团成一个球然后“装死”！**

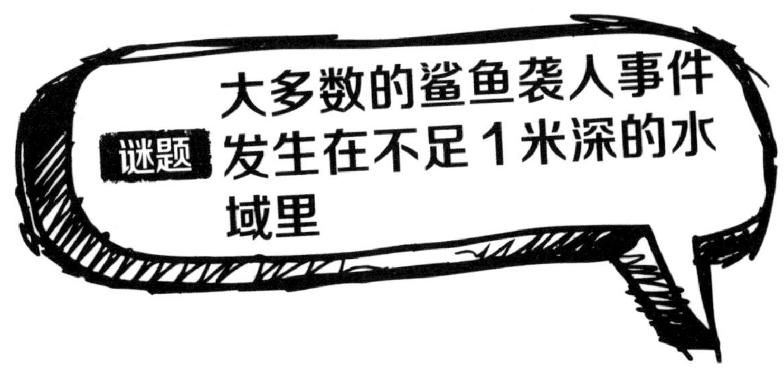


如果你看过电影《大白鲨》，那你一定会对其中一个情节印象深刻——游泳者远离岸边，畅游在深水区中，海面看起来风平浪静，突然，一个鱼鳍划破了水面……是一个巨大的鲨鱼鳍!

尽管没有直接展示血淋淋的食人画面，但这场景足以让每一个游泳者看着胆寒。

通常，我们认为鲨鱼袭人事件往往发生在远离岸边的深水区中，因为浅水区总是安全的象征。但实际上，媒体报道的大多数鲨鱼袭人事件都发生在不足 1 米深的浅水区中。这是真的吗?

## ★ 至于真相嘛……

千真万确——但有一点误导的成分。当人们说到“鲨鱼袭击”时，我们通常认为游泳者被吃掉了四肢，甚至丢掉了生命。实际上，大多数发生在浅水区的袭击事件都是由小个头鲨鱼导致的。它们不小心撞在人们身上，就忍不住想咬一口尝尝它们究竟撞到了什么东西，发现是它们不感兴趣的人类之后就摆摆尾巴游走了。而大部分真正致死的鲨鱼袭击事件都发生在远远超过冲浪线的深水区中。

*别担心，你死于岸边沙丘倒塌事件比死于鲨鱼袭击事件概率要大。

**结论：** 原理上讲得通，但事实上是

# 谜题 袋鼠善于拳击

拳击袋鼠是澳大利亚荣耀的象征。在第二次世界大战期间，它们被人们绘制在澳大利亚战机和战舰上。今天，澳大利亚奥林匹克代表团仍使用拳击袋鼠的形象。但是，袋鼠真的是优秀的拳击手吗?

## 至于真相嘛……

在 1900 年代晚期，旅行表演给了人们在拳击场上和袋鼠一决高下的机会。人们通常是袋鼠的手下败将。公袋鼠为了争夺母袋鼠或水源会与对手拳脚相加，它们会用较小的前爪相互扭打，用后爪使劲踢对方。

结论：

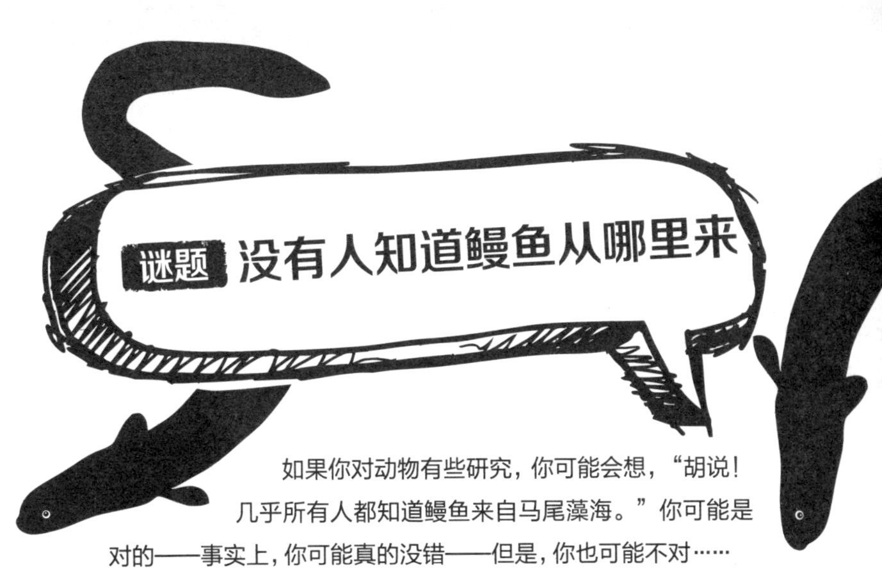


如果你对动物有些研究，你可能会想，“胡说！几乎所有人都知道鳗鱼来自马尾藻海。”你可能是对的——事实上，你可能真的没错——但是，你也可能不对……

## ★至于真相嘛……

年幼的欧洲浅水鳗鱼出生在很远的海里，出生后便向陆地的方向游去。它们逆流而上，在河中生活6—40年，直到它们准备好孕育下一代。最后，它们离开河流回到海洋，游过上千千米，到……哪儿呢?

大多数科学家认为鳗鱼在马尾藻海（百慕大群岛南边）产下后代，最小的鳗鱼宝宝就在那儿被发现。但没有人曾经见过鳗鱼宝宝在那儿出生，也没人抓住过一条要生宝宝的雌鳗鱼，所以并没有确切的证据。

**结论：** 原理上是

# ☆5件你（可能）不知道的关于鲨鱼的事情

**1** 还没有已知的疾病能影响鲨鱼。

**2** 就算鲨鱼的内脏都被吃掉了，它们也能继续做出撕咬的动作。

**3** 鲨鱼不会在它们生宝宝的地方吃东西。

**4** ……除此之外，它们能吃任何东西，在任何地方。

**5** 牛鲨——就是经常袭击人类的鲨——能在大海和淡水中游泳。

在鲨鱼胃里发现的一小部分东西：

★破旧的鼓★鸡笼★一双鞋★一把椅子★没有点燃的炸弹。

# 谜题 母牛躺倒，雨水来到

在 24 小时天气预报及互联网卫星图片出现之前，就有了这句略有道理的古语。过去，人们常说如果你看到一群母牛躺下了，天马上就要下雨了。

## 至于真相嘛……

母牛经常躺下是因为它们在咀嚼反刍的食物。（**反刍的食物是指已经被咀嚼过的食物，然后涌回嘴里再咀嚼一遍。哎哟。**）这和天气没有多少关系。

结论：

更多（一派胡言）关于牛的说法：

1. 奶牛听音乐就会产更多的奶。

2. 如果你把母牛尾巴切下来一节，它就再也不会逃跑了。

3. 母牛总是在圣诞节躺倒。

# 我从没听说过……

## 雪貂竟然也会情绪低落

许多人认为雪貂是啮齿世界里臭气烘烘、残暴凶狠的恶棍。这并不正确——雪貂实际上很有趣，它们作为宠物陪伴我们至少有 2,000 多年的历史了。

雪貂十分顽皮。它们一兴奋，就会跳着舞步，从一端滑向另一端。它们会转圈，会跳，并发出轻柔的“嘶嘶”声或“咯咯”的笑声。一些雪貂还能翻跟斗。但它们也有敏感的一面。和伴侣分开后，雪貂就会感到沮丧。它们不想玩耍，不再吃喝，躺在地上，整天呼呼大睡。

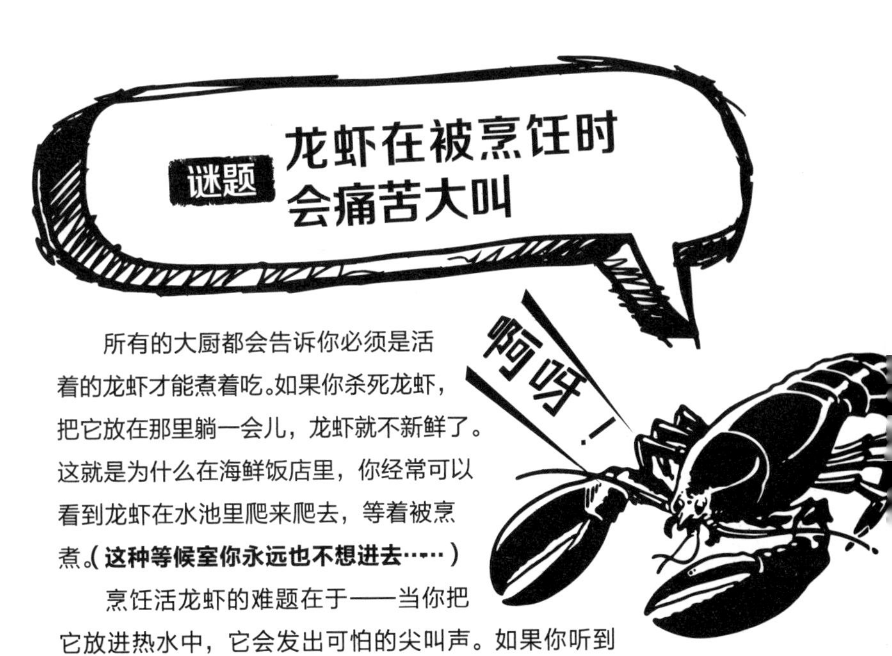


所有的大厨都会告诉你必须是活着的龙虾才能煮着吃。如果你杀死龙虾，把它放在那里躺一会儿，龙虾就不新鲜了。这就是为什么在海鲜饭店里，你经常可以看到龙虾在水池里爬来爬去，等着被烹煮。**（这种等候室你永远也不想进去……）**

烹饪活龙虾的难题在于——当你把它放进热水中，它会发出可怕的尖叫声。如果你听到 10 分钟前它们被烹煮时痛苦的惨叫，你会很难再有心情享用眼前这一盘美食。

## ★ 至于真相嘛……

没有人能确定龙虾会不会感到疼痛，但可以确定的是，它们不能尖叫。龙虾没有像人一样的声带和肺，所以发出尖叫声对它们而言是不可能的。它们在被烹饪时发出的声音只是热气从它们躯壳里冒出来的声音罢了。

**结论：一派胡言**

# 谜题 蟑螂能在核战争中生存下来

这一传说指蟑螂是唯一能在核战争中存活下来的生物。几乎所有人都听过这个说法，但几乎没人知道这个说法是否正确。

## ★至于真相嘛……

蟑螂生命力很强，如果真的发生核战争，它们生存的时间确实要比人类长。但是最后生存下来的生物应该是细菌，它们适应环境能力更强，几乎可以在任何环境下生存。

结论：一派胡言

“公牛一见到红色，就会怒气冲天。”这个说法很常见，已经成为一句广为流行的用来形容愤怒的短语：

“就像公牛看到红布。”

这句短语通常用来形容一定会让人生气的事情。但是，公牛真的会因为见到红色就会怒气冲天、发起攻击吗?

## 至于真相嘛……

公牛其实并不擅长于分辨不同的颜色。它们也许能看到红色，但也很容易会将其与绿色和蓝色弄混。红色，或是说任何颜色都不会激怒他们——人们会得出这样的结论，是因为斗牛士在斗牛时会刺激公牛向他手中拿着的红布狂奔。真正激怒公牛的是斗牛士会试图把剑插进它的背部，而不是因为其手中拿的那块红布。

结论：

# 动物来袭！

## 逃离大猫

不，我们说的并不是路边的大个暹罗猫——而是像豹子、老虎和狮子这样的喜欢从猎物身后偷袭的大型猫科动物。如果你发现自己被大型猫科动物跟踪的话，该如何甩掉它们呢？

★ 不要跑——逃跑只会告诉它们你确实是一只猎物，它们会毫不犹豫地袭击你。

★ 瞪着它——在猫科动物的世界里这可是攻击的象征。但谁也说不准，说不定它们会被你的眼神吓走。

★ 你应该做的是让自己的体积看起来尽量大一些，同时用最大的声音朝它们喊叫，千万不要发出害怕的声音。

★ 如果它们真的袭击了你，要记得用棍子或石头反击。

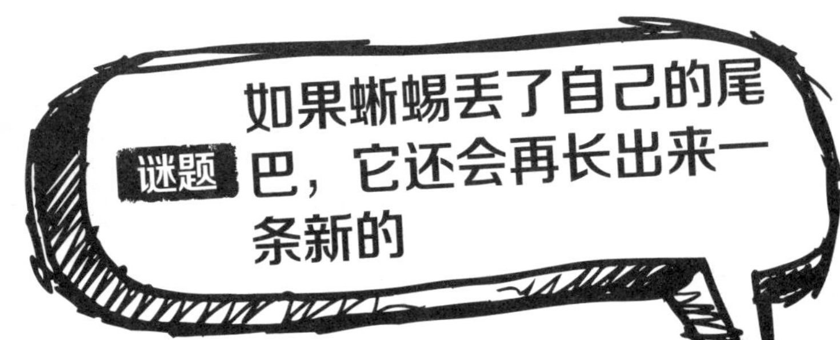


“丢尾巴”实际上是指蜥蜴的尾巴被食肉动物撕咬掉。长久以来，人们都相信如果蜥蜴的尾巴被捕食者扯掉，它们可以：

**b** 主动把尾巴留下，分散捕食者的注意力以保留自己的性命

显然，蜥蜴每次都会选择 B 选项。

不仅如此，在丧失尾巴后的短时间内，它们还会长出一条全新的尾巴——为下次逃跑做好准备。

## 至于真相嘛……

最常见的蜥蜴种类叫作石龙子。它们体积较小，仅 10 厘米长，且尖长的尾巴通常占据它们身长的一半。它们的尾巴在大多数被用力拉扯的情况下会脱落，还能自己蠕动上几秒钟。它们确实会长出新的尾巴，但并不会完全恢复成原来的样子。

**结论：** 基本上

# 摆脱水蛭的方法就是烧掉它们

就像把蛇咬伤地方的毒液吸出来（见第 26—27 页）一样，烧掉水蛭也是电影中经常出现的情节。许多讲述丛林场景的电影中都会有这么一幕：人们涉水穿过及腰深的水域，发现腿上爬满了水蛭，他们接下来会：

1. 点燃火柴
2. 把火柴放在水蛭身上
3. 听到嘶嘶的声音
4. 水蛭就掉了下来

在现实生活中，这真的是个好法子吗？

## 至于真相嘛……

这根本就不会起作用。首先，你用火柴干什么？傻瓜，你可能会烧伤自己！所有人都知道玩火是非常危险的。其次，就算水蛭有可能掉下来，它也可能会在你的皮肤伤口处遗留引起感染的物质。

摆脱水蛭最好的办法就是用手指甲在它的三个吸盘下划上一道，这样它就能轻而易举地掉落下来了。

结论：

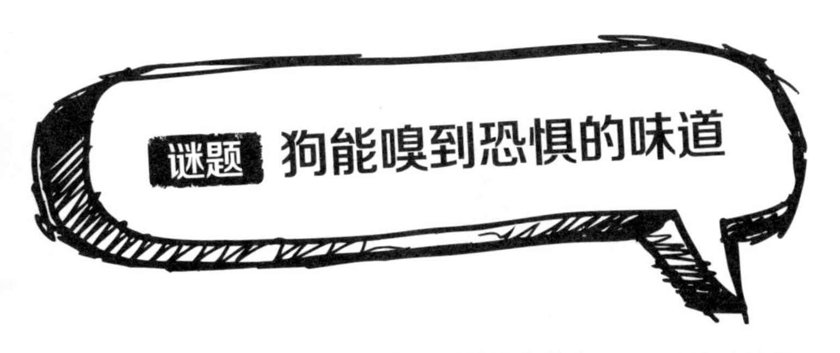


那些不怕狗的人经常把这句话讲给怕狗的人听。那么狗真的能嗅到恐惧的味道吗?

## 至于真相嘛……

狗的嗅觉的确异常灵敏，它们能嗅出每个人（一模一样的双胞胎也不例外）的不同之处。它们还能嗅出癌细胞的味道，比价值百万的扫描机器还要精准。它们甚至还能嗅出电流通过时空气中产生的细微变化。所以，当你紧张或者害怕时，狗能嗅出你汗液中排放的化学物质当然不足为奇了。

结论：

# ☆5件你（可能）不知道的关于狮子的事情

1. 狮子每天能睡20小时。

2. 它们长到两岁大时才学会吼叫——一旦学会了，这吼声能传出8千米远。

3. 公狮子非常懒，母狮子承担了90%的捕猎工作。

4. 每一只公狮子口鼻处的胡须图案都独一无二。

5. 狮子在野外能生存10年之久。

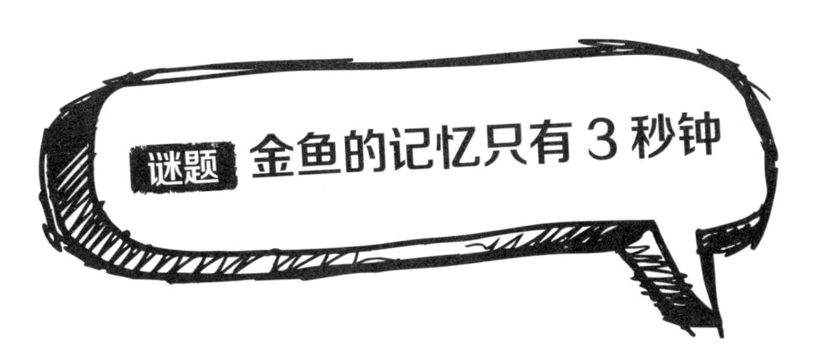


所有人，尤其是养金鱼的主人们很喜欢这个说法。他们把金鱼放在不消几秒钟就能游上一圈的小鱼缸中，对此很是开心得意。

这样看来，金鱼从不会觉得无聊，因为它围着鱼缸转一圈的时间，就足以让它忘记过去的 3 小时 15 分钟里已经见过 2,925 次的塑料城堡了。

## ★至于真相嘛……

跟其他鱼类比起来，金鱼实际上有非常好的记忆力。它们大概可以记住学了 1 年以上的任何把戏，比如学会推杠杆和接东西等等。

结论：

# 变色龙可以通过改变颜色伪装自己

所有人都知道变色龙可以变色，人们说这是一种能使它们与环境融为一体的防御技术，比如和石头、沙子、树叶和其他各种自然环境相匹配。但这广为流传的说法是正确的吗?

## ★至于真相嘛……

首先，并不是所有的变色龙都能改变颜色，一些变色龙很乐意一直保持同一种颜色。

其次，变色龙也并不是为了伪装自己而变色。当它们感到冷的时候会变成较深的颜色，感到愤怒和恐惧，或者想吸引异性时也会根据心情变化颜色。

结论：

## 谜题 雌性合掌螳螂会吃掉它们伴侣的脑袋

如果这是真的，那公螳螂永远也不会有第二次约会了。长久以来，这谣言一直在散播：雌合掌螳螂会在交配时咬掉公螳螂的头。

这种一点也不浪漫的约会关系好像有很多事实根据，比如：

- 雄螳螂能给雌螳螂补充用于生宝宝的蛋白质
- 交配期间咬掉雄螳螂的头能彻底阻止它中途离开
- 咬掉雄螳螂的头能够刺激它产生更多精子

## ★至于真相嘛……

交配对雄性合掌螳螂而言危险重重，因为雌性有时的确会咬掉它们的头——不过仅仅是在雌性肚子很饿的时候。这种事并非经常发生，当然也不是出于上述谣言中的种种缘由。

结论：

但并非经常发生

# 我从没听说过……

## 啄木鸟的脑子里装有减震器

啄木鸟用嘴巴啄树时比火箭起飞时的力量还要强上百倍，那它们的头为什么没被震成果冻呢？

因为啄木鸟的头部受到柔软的防震组织保护，这种组织能吸收大部分啄击时产生的力量。其次，当啄木鸟啄树时，它们身上一种特殊的肌肉能把它的头部向相反方向拉回，以抵消向前啄击的力量。

每年 2 月 2 日这一天，北美洲的人们就会焦急地盼望一只名叫彭格苏塔维 · 菲尔（Punxsutawney Phil）的土拨鼠的出现，就像急切等待春天到来一样。这个可爱的小个头啮齿动物，据说可以通过观察自己的影子从而推断春天是否降临了。

如果菲尔在地面上没有看到自己的影子，且一步一步退回到洞穴中，这便是坏消息的预示：冬天还要再持续上至少 6 个星期。相反，如果菲尔看到了自己的影子后没有退回洞穴，这便说明春天已经不远了。

我们要如何看待菲尔的预测呢？

## ★ 至于真相嘛……

你可不要完全相信菲尔的预测——事实上，菲尔的追随者们声称它靠一种神奇的土拨鼠长寿药*已经活了 100 多岁了（是普通土拨鼠寿命的 10 多倍）。

但是，土拨鼠感到光线和温度的变化时，会从它们的洞穴中钻出来。所以，当你看到野生土拨鼠出现，春天可能就指日可待了。

**结论：**

*一种延长寿命的药物

# 动物报时

## 一些鸟儿貌似是报时的好手！

鹦鹉的主人们都说，鸟儿们好像很清楚早间鸟笼上的盖布什么时候要掀开，晚上又是什么时间被拉下。

而且，鸟儿们每天都会在草地淋水车到来之前，准时来到草地上等待它们的晨间沐浴。

# 谜题 把刺挤出来就能治好被蜜蜂蜇过的伤口

夏天来到的预兆之一，便是有蜜蜂在你耳边嗡嗡嗡地转来转去。很多人看到有蜜蜂飞来飞去，为花朵授粉，就会感到由衷地开心……

直到其中有只蜜蜂把你蜇了一下！

蜇你的蜜蜂会在你的皮肤上留下一根有毒的倒刺。有人会告诉你——最好的办法就是把刺挤出来，就像弄掉污点一样。

## ★ 至于真相嘛……

其实把刺挤出来这个办法糟糕透了，这样做只会使更多的毒液进入你的皮肤中。最好的办法是用信用卡之类的东西，迅速把毒刺从皮肤上刮掉。

结论：

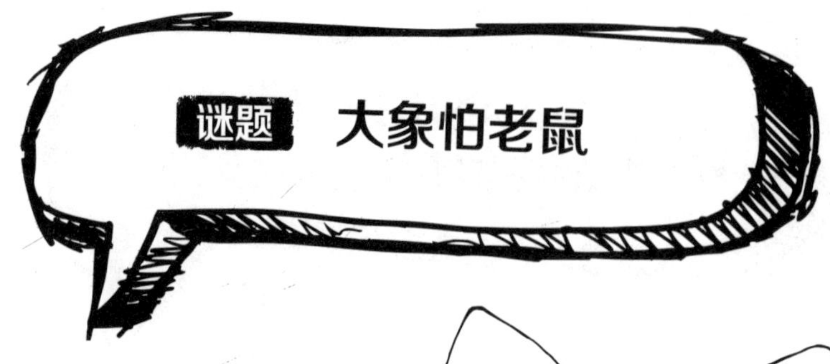


这种说法听起来很有趣：世界上个头最大的居然怕个头最小的。这个题材在很多儿童卡通和电影里都能看到。

但，这是真的吗？

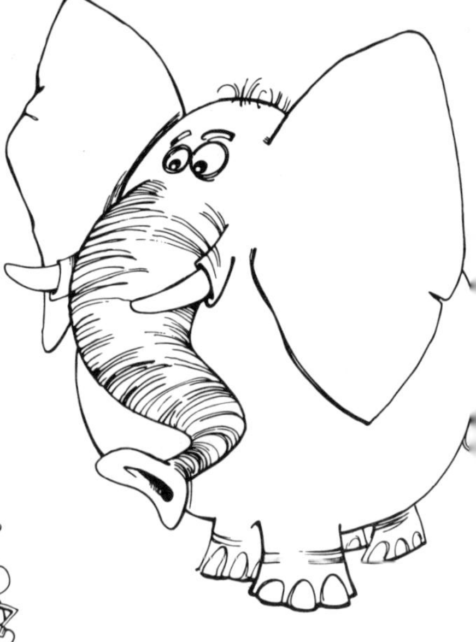

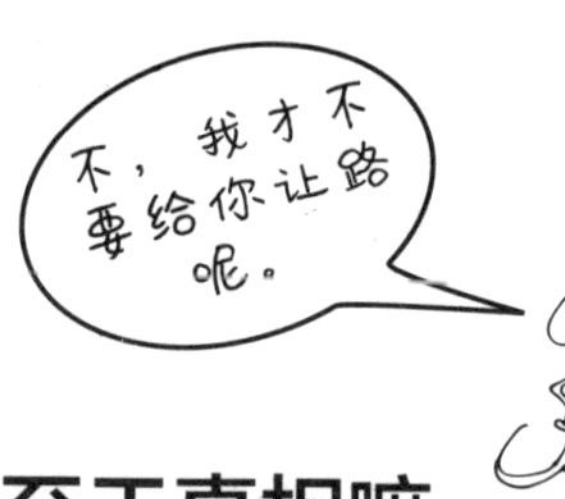


## ★至于真相嘛……

大象倒是可能见过装在笼子中的老鼠，因为大象和老鼠并不会在野生环境中相见。大象的视力不好，所以它们可能不会注意到那么小的一只老鼠——更不用说害怕得匆忙逃走了。

结论：

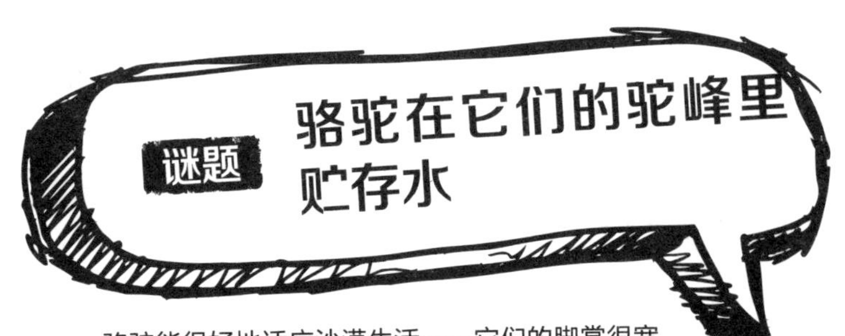


骆驼能很好地适应沙漠生活——它们的脚掌很宽，这能保证它们走过松散的沙子时不会陷进去。它们厚厚的骆驼毛能反射阳光，抵挡热量，还能在夜晚保持温暖。它们的嘴巴能咀嚼多刺的沙漠植物，并且——最神奇的是——它们能把水贮存在驼峰里。难道不是吗？

## ★至于真相嘛……

骆驼能很聪明地适应沙漠生活*，它们的驼峰就是为了适应环境进化出来的——但并不是为了贮存水。事实上，驼峰用来储存脂肪。它们把脂肪存在驼峰中（而不是像人类全身都可以储存脂肪），这样骆驼的身体上就不会有在高温沙漠中阻止它们散热的脂肪层了。

*比如，骆驼通过身体释放的水分极少，因而骆驼尿液浓稠得就像糖浆，干巴巴的粪便能被点燃。

结论：**一派胡言**

# 谜题 三月份野兔会发疯

这个说法已经渐渐和野兔本身没有多少联系了。当一个人举止奇怪，冒冒失失，毫无目的地浪费大量精力时，人们会说：

“他（她）就像野兔一样疯狂。”

三月份里，野兔们突然开始转着圈地跑来跑去，和其他野兔进行拳击比赛，直直地上蹿下跳，举止变得愈发奇怪……

## ★ 至于真相嘛……

野兔其实平时很害羞，但在春天这个交配的季节中*，它们的行为确实有所不同。野兔的动作在人们看来很是疯狂，但如果你也是一只野兔的话，你就会明白这全是为了寻找爱情的努力——围圈赛跑、拳击比赛、向空中蹦高都是它们在向心仪的对象表白呢。

结论：

* 在北欧，野兔在三月份交配。

# ☆5件你（可能）不知道的关于章鱼的事情

**1** 章鱼有3个心脏。

**2** 一只和10岁儿童同等重量的章鱼能穿过网球般大小的洞。

**3** 章鱼的眼睛长着矩形的瞳孔（黑色的一小段）。

**4** 它们的手臂会在拉扯时自行断掉，过一段时间再长出来一条。

**5** 章鱼能用触手打开果酱罐子，还能像握锤子一般握着石头打开贝壳！

# 我从没听说过……

## 蟾蜍能爆炸！

这事发生在 2005 年德国汉堡，当时正处于蟾蜍交配的季节，可谁知它们突然无缘无故地开始爆炸。

最终人们发现了原因所在。乌鸦可以一嘴叼走蟾蜍的肝脏，而蟾蜍在面对敌人时会膨胀身体以恐吓吓退对方。这些蟾蜍才鼓起来的时候，被乌鸦啄的小洞一定会发出奇怪的漏气声……可怜的蛤蟆就这样爆炸了！哎呀……

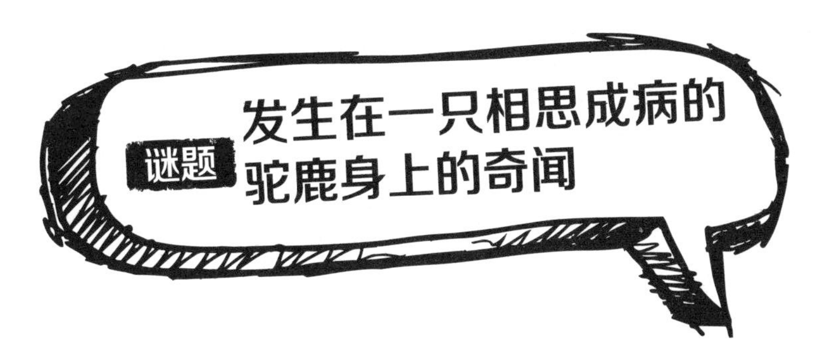


驼鹿们很滑稽——巨大而瘦长的腿、厚厚的身体、形状怪异的脸庞和触角让它们“七拼八凑”的外表看起来有些伤心。下面的故事发生在一只特别滑稽的驼鹿身上：它爱上了一只塑料鹿。

这只塑料鹿本是放在后院被当作射击练习的一个靶子。在交配季节中的一天，一只雄驼鹿溜达到了后院中，一眼望向美丽的塑料鹿便坠入了爱河。

这只公驼鹿密切留意着塑料鹿，直到有一天它爱人的鹿角掉了下来，没过多久，塑料鹿的头也掉了下来……就这样，公驼鹿的爱情破灭了，从此黯然消失在了茂密的森林中。

## ★至于真相嘛……

这个故事基本是真实的：这种奇闻经常发生在疯狂的雄性动物身上。比如，在美国加州“新年湾”象海豹保护区，没有找到伴侣的公象海豹会动身前往失败者小路（Lossers’ Alley），在这里它们紧偎着圆木，想象着自己在紧偎着母象海豹。

**结论：**

## 谜题 狼蛛是世界上毒性最大的蜘蛛

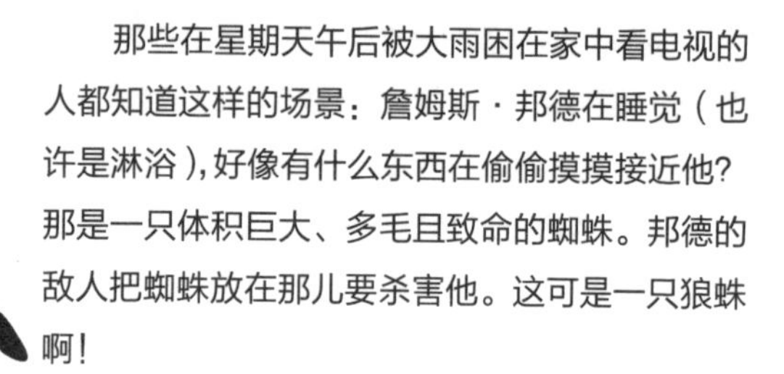

那些在星期天午后被大雨困在家中看电视的人都知道这样的场景：詹姆斯·邦德在睡觉（也许是淋浴），好像有什么东西在偷偷摸摸接近他？那是一只体积巨大、多毛且致命的蜘蛛。邦德的敌人把蜘蛛放在那儿要杀害他。这可是一只狼蛛啊！

## ★至于真相嘛……

狼蛛分很多种，并没有几种能对邦德造成伤害——实际上还没有听说有人因为被狼蛛咬伤而死。人被狼蛛咬伤后的确会连续几天严重不适，但大多数狼蛛对人体是无害的。人们害怕狼蛛，主要是因为人们经常可以在屏幕上见到它们恐怖的样子。

世界上最致命的蜘蛛当属巴西漫游蜘蛛，这种蜘蛛对人类来讲有时的确是致命的。

结论：

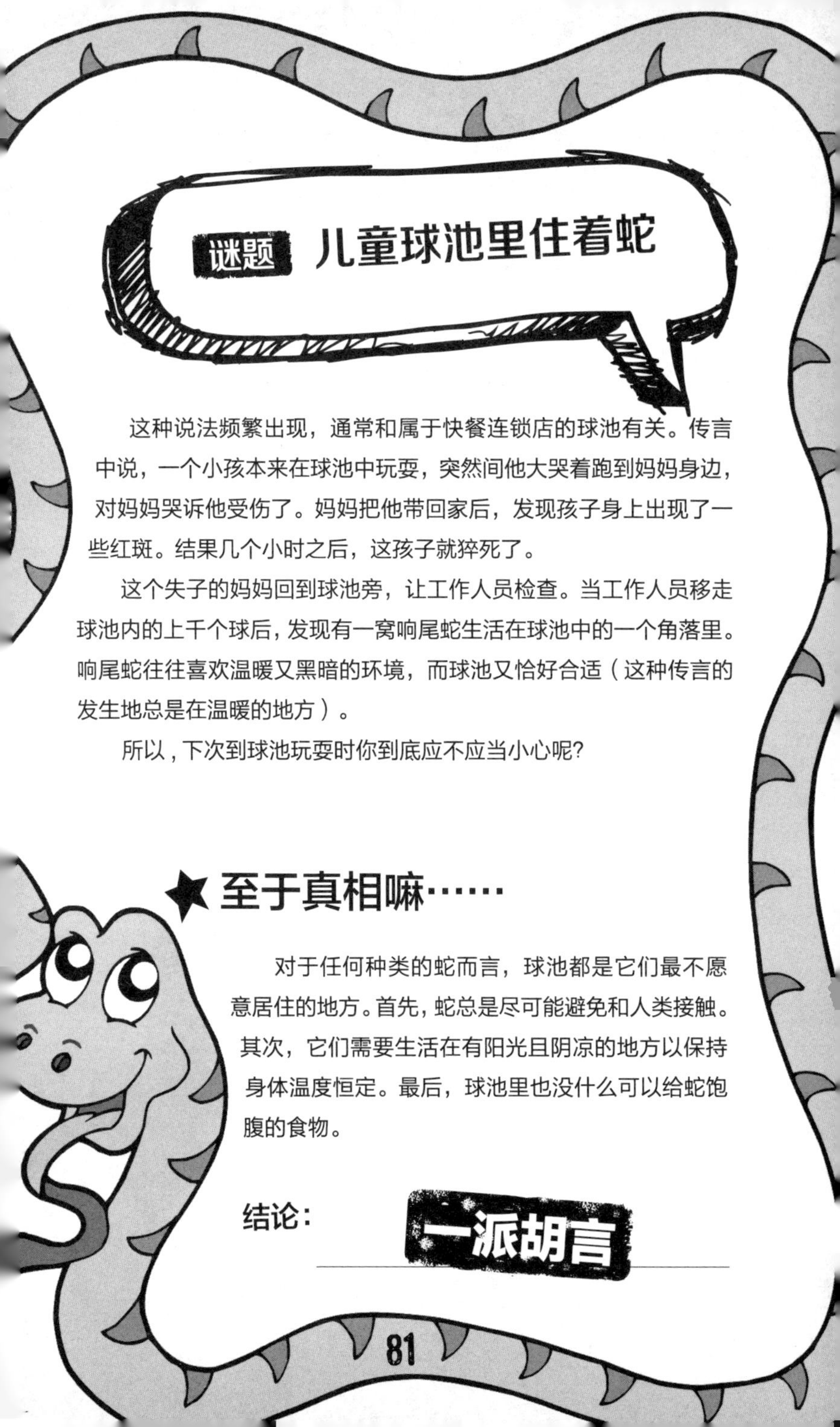

# 谜题 儿童球池里住着蛇

这种说法频繁出现，通常和属于快餐连锁店的球池有关。传言中说，一个小孩本来在球池中玩耍，突然间他大哭着跑到妈妈身边，对妈妈哭诉他受伤了。妈妈把他带回家后，发现孩子身上出现了一些红斑。结果几个小时之后，这孩子就猝死了。

这个失子的妈妈回到球池旁，让工作人员检查。当工作人员移走球池内的上千个球后，发现有一窝响尾蛇生活在球池中的一个角落里。响尾蛇往往喜欢温暖又黑暗的环境，而球池又恰好合适（这种传言的发生地总是在温暖的地方）。

所以，下次到球池玩耍时你到底应不应当小心呢？

## ★至于真相嘛……

对于任何种类的蛇而言，球池都是它们最不愿意居住的地方。首先，蛇总是尽可能避免和人类接触。其次，它们需要生活在有阳光且阴凉的地方以保持身体温度恒定。最后，球池里也没什么可以给蛇饱腹的食物。

结论：**一派胡言**

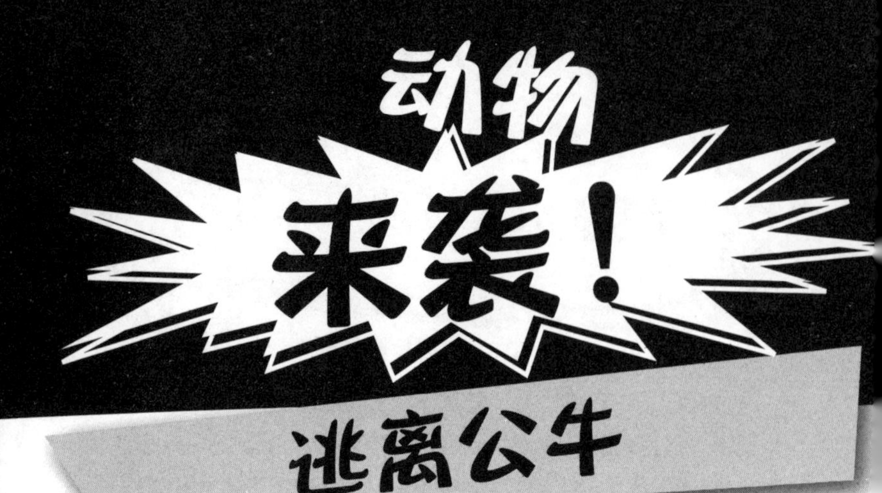


在田野中漫步的你，突然发现面前出现一只体积巨大、满脸怒色的公牛正在朝你喷鼻息。

你该怎样做才能避免被公牛大卸八块呢?

- 站着别动！公牛的眼神不好，如果你保持不动，它可能就走开了。
- 如果公牛开始向你冲过来，你也要跑起来。公牛比人跑得快，所以要在它追上你之前，想办法爬到树上或者躲到什么隐蔽物后面。
- 朝公牛扔东西——可以是你手拿的衣物。它们可能停下来琢磨一下你丢的到底是什么东西，你可以利用这段时间来逃跑。

如果有一天你正在外散步，偶遇一只正转身背对着你的豪猪——小心！它可能正要向你发射尖刺呢。至少，许多人都是这样认为的。

如果这说法正确的话，那豪猪可真是有一套非常出色的防御系统。这是真的吗?

## ★至于真相嘛……

相信这种传言的人肯定不是生活在有豪猪的地方。豪猪的尖刺实际上是浓密而坚硬的毛发。想象一下，向别人发射你的头发，会起作用吗?

不过豪猪确实有很棒的防御系统。那些刺的尖端锋利无比，但凡有动物想咬豪猪，豪猪就会转过身来背对攻击者。攻击者不但会被扎一脸刺，这些刺还会裂开，而且被尖刺钩进肉的伤口很容易感染。

结论：

豪猪的防御系统的确很棒，因为它们的刺尖利无比。

# 我从没听说过……

## ……海象是右撇子

海象非常喜欢吃藏在海底的蛤蛎。那它们到底有多么喜欢吃呢？大概一顿饭能吃掉 6,000 只左右。

为了找寻蛤蛎，海象会用前鳍扫开遮挡蛤蛎的障碍物。它们通常都用右鳍，很少用左鳍。

2007 年，发生在日本的一则神奇故事蔓延在网络、电子邮件和报纸上。

一些很想拥有贵宾犬的爱狗人士们，很惊喜地发现竟然能以半价购买到贵宾犬——但这些半价的狗买回家不久后就显得有些与众不同。它们的确拥有与贵宾犬一样的时髦小绒球发型，可它们学不会叫、坐、卧、接球之类的把戏，也对一般犬类喜欢的事物不感兴趣。

这些奇怪的半价贵宾犬们长啊长，直到最终长得和贵宾犬一点也不一样。事实上，它们开始变得越来越像它们本该有的样子——羊。

原来是一位黑心商人把小羊修剪成贵宾犬的发型，然后把这些小羊卖给喜欢贵宾犬的日本人。因为日本的羊不多，普通人很难看出贵宾犬和小羊之间的区别。

## ★ 至于真相嘛……

这是一个最开始在网上传播的百分百编造的谣言。这谣言也让日本人感到很气愤，因为它尽管暗示了贵宾犬和小羊都很可爱，但也直指日本人竟然蠢到分不清楚狗和羊！

结论：

谜题

# 有人在抢劫

有些人很喜欢动物，他们几乎会带着动物做所有的事情。比如让动物睡在他们的床上，买昂贵的猫粮或者带着宠物龙虾一起出门去散步（见本书第 20 页）。

甚至有人还带着他们的宠物蛇去抢劫……

## 事件一：自行车强盗

在美国加利福尼亚州，人们发现了一个正试图从当地一家五金店偷手电筒的年轻人。当店里的员工企图阻止他时，他突然露出了手臂上缠绕的一条蛇。当时所有人都被吓得往后跳，就这样，这个讨厌的小伙子趁机蹬着自行车逃跑了。

## 事件二：蛇并非绅士君子

来到印度首都新德里的游客们总是喜欢看耍蛇人的表演，但他们在观看时经常放松警惕，让抢劫者有机可乘。在这座城市里，蛇有时也算是犯罪团伙中的一员。最可怕的案件当属有一次两个耍蛇人把一条大蟒蛇缠在一位商人的脖子上，威胁商人出钱消灾，不然不肯罢手。

# 还带着蛇

## 事例3：蛇劫案

在一个夜晚，有两个人正走在美国新泽西州的大街上。突然，一辆车在他们身边急刹停下。车上先是下来一个手中挥舞着蛇的男人，接着又有两个男人跳了出来，把这两个可怜路人的钱包摸了个遍。

## ★至于真相嘛……

这些都是真实发生过的案例——还有许多没有提及的，似乎越来越多的人开始把蛇作为致命武器使用。

结论：

其他（千真万确）关于蛇的故事：

1.已经死亡一天的响尾蛇还是能咬到你！

2.黑曼巴蛇其实并不是黑色的，而是灰色、褐色或橄榄色。

3.10种最致命的蛇类中，有7种生活在澳大利亚。

4.有些蛇生下来便有两个头。尽管这两个头拥有同一个胃，但还是为了争夺食物而互相打斗。

# 动物来袭！

## 逃离杀人蜂

杀人蜂和普通的蜜蜂并没有什么区别——除了前者更具有攻击性。

受到外界打扰后，杀人蜂们会从蜂巢中涌出，不顾一切地追赶目标物。如果你遇见了这些嗡嗡作响的蜜蜂……

### 要：

**不顾一切地跑——杀人蜂在放弃追踪目标前会飞上几百米的距离。**

**用东西保护你的脸，防止眼睛被蜇伤——但要确保你依旧能看清楚路！**

### 不要：

**跳进河里——杀人蜂会等你浮出水面。**

**挥动你的手和手臂——它们会受到移动物体的吸引。**

想象这么一幅场景……

你在沙漠中迷路了（可能沙漠探险队没带上你就返回旅馆了）。你在高温下有一段时间了，体力也在慢慢下降。然后你看到了非常恐怖的一幕：秃鹰，在盘旋！

当你坐在石头的阴凉下休息时，一只秃鹰落在了你附近。它那光秃秃的脖子和脑袋看起来就像魔鬼一般吓人，而且你也明白没有羽毛意味着什么——秃鹰能轻易地把头钻进动物尸体中取食。又一只秃鹰落在你身边，紧接着又是一只，它们开始慢慢逼近，啄食你脚上的肉。

你真的就要活生生地成为一群秃鹰的午餐了吗？

## 至于真相嘛……

这有可能发生，但大概需要你非常虚弱——虚弱到不能动的地步。秃鹰喜欢吃腐食，但它们也确实偶尔攻击处于濒死边缘的猎物。

结论：千真万确

作为一只雄性黑寡妇蜘蛛，你活不了多久——大概只有 6 个星期左右。相比之下，雌性黑寡妇可以活上 3 年之久。你身体中分泌毒液的囊，在到达成年后就停止继续分泌，这令你再不能毒死那些令你讨厌的东西。所以，作为一只成年蜘蛛，你也不需要再吃什么东西（这就是为什么囊内不再分泌毒液了），生活的所有重心都落在寻找配偶上。

然而更倒霉的是，你的配偶——一只美丽可爱的雌性黑寡妇蜘蛛有可能很快就对你失去了耐心。如果你一不小心，她可能会咬下你的头省得她心烦。没开玩笑，这可是真的。

## ★至于真相嘛……

这真的是事实——但是雌性黑寡妇蜘蛛咬下配偶头部的发生概率无法确定。被人为抓起来观察的蜘蛛身上确实发生过咬下雄性头部的事，不过在野生环境中少有发生。

结论：

# 动物报时

在非洲南部，当地的狒狒喜欢打开垃圾箱，检查里面有没有美味的残羹剩饭。

神奇的是，它们好像提前就知道厨余垃圾会在一周中的哪一天被倒出来。于是它们一大早就赶到，等着垃圾桶被装满，准备着翻出一顿免费又美味的午餐。

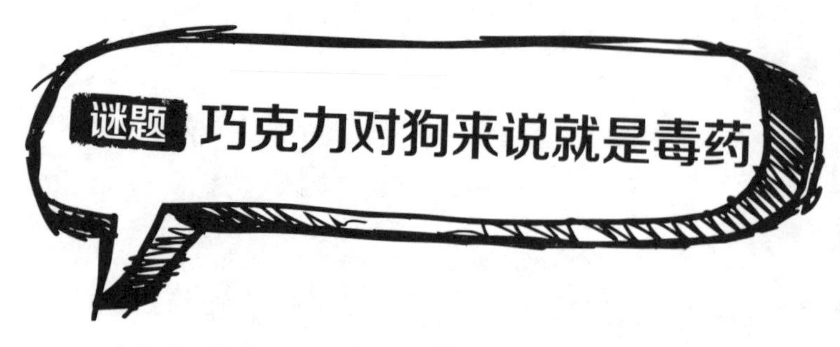


这谣言听起来没有道理，毕竟狗和人类很像——这就是为什么在人身上投放使用某种产品前，动物实验室会先在狗类身上做试验。如果我们可以吃巧克力，那么狗也一定能吃对吧？况且它们看起来真的很爱吃巧克力……

## ★至于真相嘛……

巧克力含有一种叫作可可碱的化学物质，会引起犬类肌肉颤抖、抽搐、甚至心脏病发作。所以巧克力对狗来说确实是毒药，只消吃一点就会生病乃至死亡。

结论：

其他对狗真正有毒的食物：

不光只有巧克力！你还要确保它们不会接触以下的食物：

1.葡萄和葡萄干

2.洋葱

3.澳洲坚果／夏威夷果

# 谜题 食人鱼可以在数秒内吃光人身上的肉

不要——千万不要——到南美洲的河中去游泳。如果你恰好有一个没有愈合完全的伤口，数秒之内，你的身边就会聚集大量嗜血成性的食人鱼。它们小而尖利的牙齿会瞬间将你吃得只剩下一副骨头。而变成骨架的你，就会悄无声息地沉到水底。

这是人们最常听说的动物传言之一了。一群食人鱼真的会在数秒之间把人吃个干净吗?

## ★至于真相嘛……

食人鱼的牙齿异常尖利，如果它们想，真的能狠狠地咬上你一口。但实际上它们很少攻击人类，除非是一个不小心才咬人一口。美国前总统西奥多·罗斯福曾看过一场秀，饥肠辘辘的食人鱼把奶牛吃得只剩下骨头。罗斯福稍后写道：“水里的血液让它们变得疯狂。”

# 探秘指南……

# 100%

# 傻瓜防范手册!

## 绝对真相!

来看看其他令人惊叹的
谜题揭秘……

建议:
翻到下一页

# 现在就购买这些图书吧！

The Fact or Fiction Behind Romans
一派胡言
古罗马人用鸽子尿当染发剂?
罗马警察用占星术来抓捕罪犯?
罗马人最厉害的武器是野驴?
是真的吗?
罗马背后的谜题与真相 罗马
The Fact or Fiction Behind Egyptians
一派胡言
古埃及人发明了甜食?
拉姆西斯二世有200个孩子?
金字塔是外星人建造的?
是真的吗?
埃及背后的谜题与真相 埃及
The Fact or Fiction Behind Pirates
一派胡言
海盗都是男的?
海盗害怕猫?
海盗经常配着木头假腿、戴着眼罩?
是真的吗?
海盗背后的谜题与真相 海盗
The Fact or Fiction Behind Human Bodies
一派胡言
你身体里的铁够做一枚钉子?
蛆虫可以用来清洁伤口?
酒精会杀死你的脑细胞?
是真的吗?
人体背后的谜题与真相 人体
The Fact or Fiction Behind History
一派胡言
克娄巴特拉长着胡子?
所有的海盗都是男人?
古埃及人如果不缴纳税款会被割掉鼻子?
是真的吗?
历史背后的谜题与真相 历史
The Fact or Fiction Behind Survival Skills
一派胡言
用橡皮筋就能制服鳄鱼?
两个月不吃东西也能活命?
可以用弯曲的小木棍寻找水源?
是真的吗?
求生背后的谜题与真相 求生
The Fact or Fiction Behind Football
一派胡言
有球队因表现不佳而遭球迷起诉?
足球运动员曾经是全英国收入最低的打工仔?
有一场球赛结束时场上只剩下两名球员?
是真的吗?
足球背后的谜题与真相 足球
The Fact or Fiction Behind Life
一派胡言
你可以用两个手机煮鸡蛋?
你在早上会比在晚上高一些?
草莓奶昔中含有甲虫汁液?
是真的吗?
生活背后的谜题与真相 生活
The Fact or Fiction Behind Science
一派胡言
人是用鼻子来品尝美食的?
睁着眼打喷嚏，眼睛会蹦出来?
世界上最大的生物是蘑菇?
是真的吗?
科学背后的谜题与真相 科学